JIANGXI PROVINCE WATER RESOURCES BULLETIN

江西省水资源公报 2022

江西省水利厅　编

·北京·

图书在版编目（CIP）数据

江西省水资源公报. 2022 / 江西省水利厅编. -- 北京 : 中国水利水电出版社, 2023.7
ISBN 978-7-5226-1614-8

Ⅰ. ①江… Ⅱ. ①江… Ⅲ. ①水资源－公报－江西－2022 Ⅳ. ①TV211

中国国家版本馆CIP数据核字(2023)第122417号

审图号：赣S（2023）66号

书　名	江西省水资源公报 2022 JIANGXI SHENG SHUIZIYUAN GONGBAO 2022
作　者	江西省水利厅 编
出版发行	中国水利水电出版社 （北京市海淀区玉渊潭南路1号D座 100038） 网址：www.waterpub.com.cn E-mail：sales@mwr.gov.cn 电话：（010）68545888（营销中心）
经　售	北京科水图书销售有限公司 电话：（010）68545874、63202643 全国各地新华书店和相关出版物销售网点
排　版	中国水利水电出版社装帧出版部
印　刷	天津嘉恒印务有限公司
规　格	210mm×285mm 16开本 2.75印张 60千字
版　次	2023年7月第1版 2023年7月第1次印刷
定　价	48.00元

编写说明

1.《江西省水资源公报2022》（以下简称《公报》）中涉及的数据来源于经济社会发展统计与实时监测统计的分析成果。

2.《公报》中用水总量按《用水统计调查制度（试行）》的要求进行数据统计，根据《用水总量核算工作实施方案（试行）》进行用水量核算。

3.《公报》中多年平均值统一采用1956—2016年水文系列平均值。

4.《公报》中部分数据合计数因单位取舍不同而产生的计算误差，未作调整。

5.《公报》中涉及的定义如下：

（1）**地表水资源量：**指河流、湖泊、冰川等地表水体逐年更新的动态水量，即当地天然河川径流量。

（2）**地下水资源量：**指地下饱和含水层逐年更新的动态水量，即降水和地表水入渗对地下水的补给量。

（3）**水资源总量：**指当地降水形成的地表和地下产水总量，即地表产流量与降水入渗补给地下水量之和。

（4）**供水量：**指各种水源提供的包括输水损失在内的水量之和，分地表水源、地下水源和其他水源。地表水源供水量指地表水工程的取水量，按蓄水工程、引水工程、提水工程、调水工程四种形式统计；地下水源供水量指水井工程的开采量，按浅层淡水、深层承压水和微咸水分别统计；其他水源供水量包括再生水厂、集雨工程、海水淡化设施供水量及矿坑水利用量。

（5）**用水量：**指各类河道外用水户取用的包括输水损失在内的毛用水量之和，按生活用水、工业用水、农业用水和人工生态环境补水四大类用户统计，不包括海水直接利用量以及水力发电、航运等河道内用水量。生活用水，包括城镇生活用水和农村生活用水，其中，城镇生活用水由城镇居民生活用水和公共用水（含第三产业及建筑业等用水）组成；农村生活用水指农村居民生活用水。工业用水，指工矿企业在生产过程中用于制造、加工、冷却、空调、净化、洗涤等方面的用水，按新水取用量计，不包括企业内部的重复利用水量。农业用水，包括耕地和林地、园地、牧草地灌溉，鱼塘补水及牲畜用水。人工生态环境补水仅包括人为措施供给的城镇环境用水和部分河湖、湿地补水，而不包括降水、径流自然满足的水量。

（6）**耗水量：**指在输水、用水过程中，通过蒸腾蒸发、土壤吸收、产品吸附、居民和牲畜饮用等多种途径消耗掉，而不能回归到地表水体和地下含水层的水量。

（7）**耗水率：**指用水消耗量占用水量的百分比。

（8）**农田灌溉水有效利用系数：**指在某次或某一时间内被农作物利用的净灌溉水量与水源渠首处总灌溉引水量的比值。

6.《公报》由江西省水利厅组织编制，参加编制的单位包括江西省水文监测中心、江西省灌溉试验中心站、江西省各流域水文水资源监测中心。

目 录

contents

一、概述

江西省位于长江中下游南岸，国土面积为 166948km²。全省多年平均年降水量为 1646mm，多年平均水资源总量为 1569 亿 m³。《公报》按水资源分区和行政分区分别分析 2022 年度江西省水资源及其开发利用情况。

（一）水资源量

2022 年，全省平均年降水量为 1599mm，比多年平均值少 2.8%。全省地表水资源量为 1533.60 亿 m³，比多年平均值少 1.2%。地下水资源量为 363.65 亿 m³（其中与地表水资源量不重复计算量为 22.59 亿 m³），比多年平均值少 4.0%。水资源总量为 1556.19 亿 m³，比多年平均值少 0.8%。

（二）蓄水动态

2022 年年末，全省 36 座大型水库、264 座中型水库蓄水总量为 114.89 亿 m³，比年初减少 6.59 亿 m³, 年均蓄水量为 124.43 亿 m³。

（三）水资源开发利用

2022 年，全省供水总量为 269.77 亿 m³，占全年水资源总量的 17.3%。其中，地表水源供水量为 260.64 亿 m³，地下水源供水量为 6.08 亿 m³，其他水源供水量为 3.05 亿 m³。全省总用水量为 269.77 亿 m³，其中，农业用水占 72.1%，工业用水占 15.7%，居民生活用水占 8.0%，城镇公共用水占 2.8%，人工生态环境补水占 1.4%。

全省人均综合用水量为 596m³，万元国内生产总值（当年价）用水量为 84m³，万元工业增加值（当年价）用水量为 39m³，耕地实际灌溉亩均用水量为 720m³，农田灌溉水有效利用系数为 0.530，林地灌溉亩均用水量为 192m³，园地灌溉亩均用水量为 195m³，鱼塘补水亩均用水量为 270m³，城镇人均生活用水量（含公共用水）为 224L/d，农村居民人均生活用水量为 100L/d。

（四）用水总量和用水效率控制指标执行情况

2022 年，全省用水总量 269.77 亿 m^3，折减后的用水总量为 212.42 亿 m^3，达到 2025 年控制指标（262.32 亿 m^3）要求。

全省万元 GDP 用水量 (可比价) 较 2020 年降低 20.1%，年度控制指标为 10.0%；万元工业增加值用水量 (可比价) 较 2020 年降低 33.6%，年度控制指标为 13%；非常规水源 3.05 亿 m^3，年度控制指标为 2.77 亿 m^3；农田灌溉水有效利用系数为 0.530，年度控制指标为 0.522；用水效率控制指标和非常规水源最低利用量均达到年度控制指标要求。

二、水资源量

（一）降水量

2022 年江西省平均年降水量[1]为 1599mm，折合降水总量为 2669.98 亿 m^3，在空间分布上，江西省降水高值区位于怀玉山山区、武夷山山区及赣州市西南部地区，降水低值区位于九江市北部地区。2022 年江西省年降水量等值线见图 1；2022 年江西省年降水量距平[2]见图 2。在时间分布上，江西省降水时间分布极其不均，主要集中在 3—6 月，3 月、4 月、5 月、6 月的降水量分别占全年降水总量的 12.0%、12.6%、15.1%、22.4%。2022 年，江西省经历长江流域 1961 年以来最严重长时间气象水文干旱，8—10 月的降水量比多年平均值偏少 83.1%。2022 年江西省月降水量变化与 2021 年和多年平均值比较见图 3。1956—2022 年江西省年降水量变化见图 4。

从行政分区看，降水量最大的是上饶市，为 1857mm；最小的是九江市，为 1251mm。与 2021 年比较，南昌市、景德镇市、九江市、鹰潭市、上饶市降水减少，其中以九江市减少 19.5% 为最大；其余设区市降水量增多，其中以赣州市增多 20.7% 为最大。与多年平均值比较，南昌市、景德镇市、九江市、鹰潭市、赣州市、吉安市、抚州市降水减少，其中以九江市减少 17.1% 为最大；其余设区市降水量增多，其中以萍乡市增多 9.7% 为最大。2022 年江西省行政分区降水量见表 1。

❶ 2022 年江西省平均年降水量是依据 1085 个雨量站观测资料分析计算的。

❷ 年降水量距平指当年降水量与多年平均值的差除以多年平均值（%）。

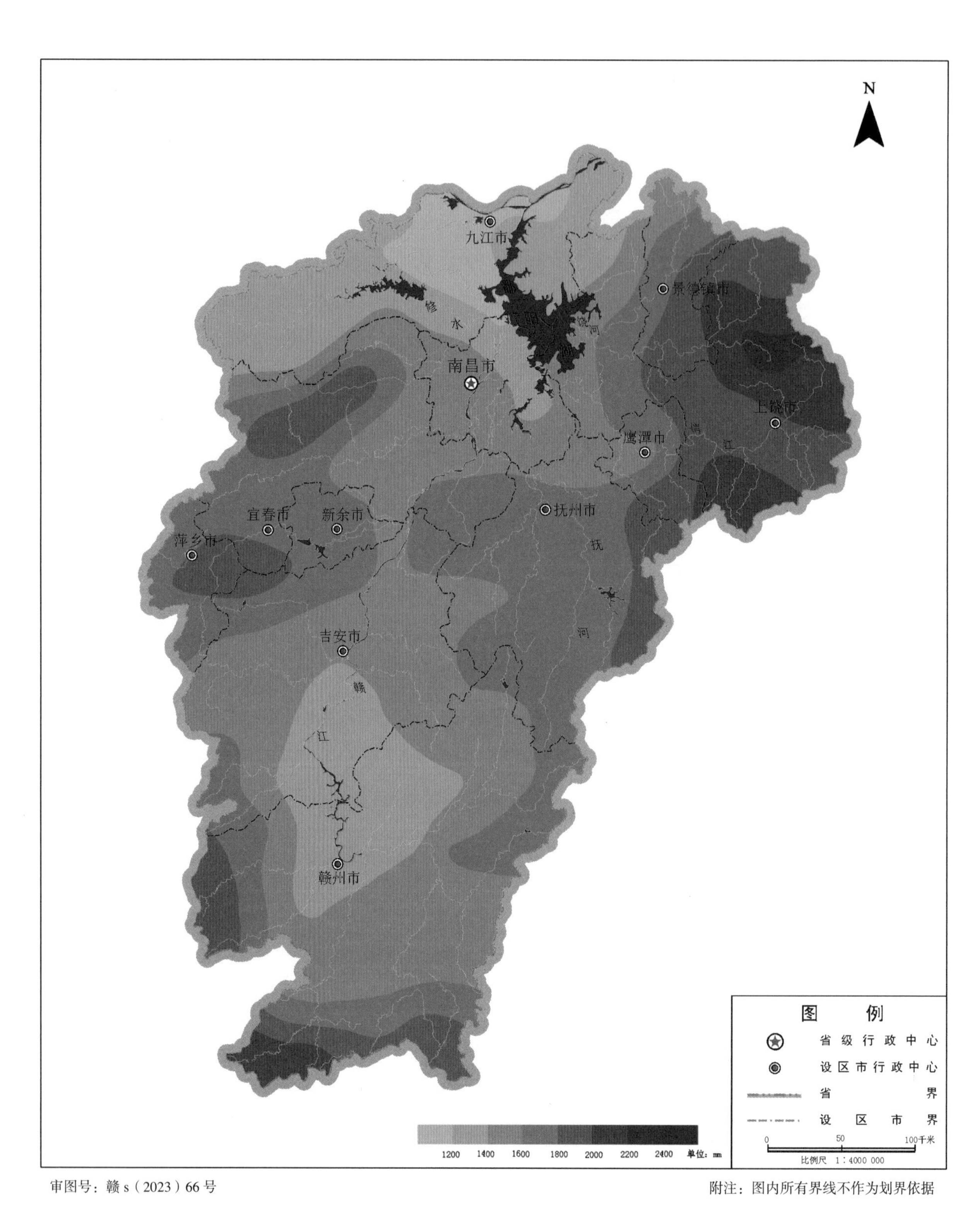

审图号：赣 s（2023）66 号

附注：图内所有界线不作为划界依据

图 1　2022 年江西省年降水量等值线图

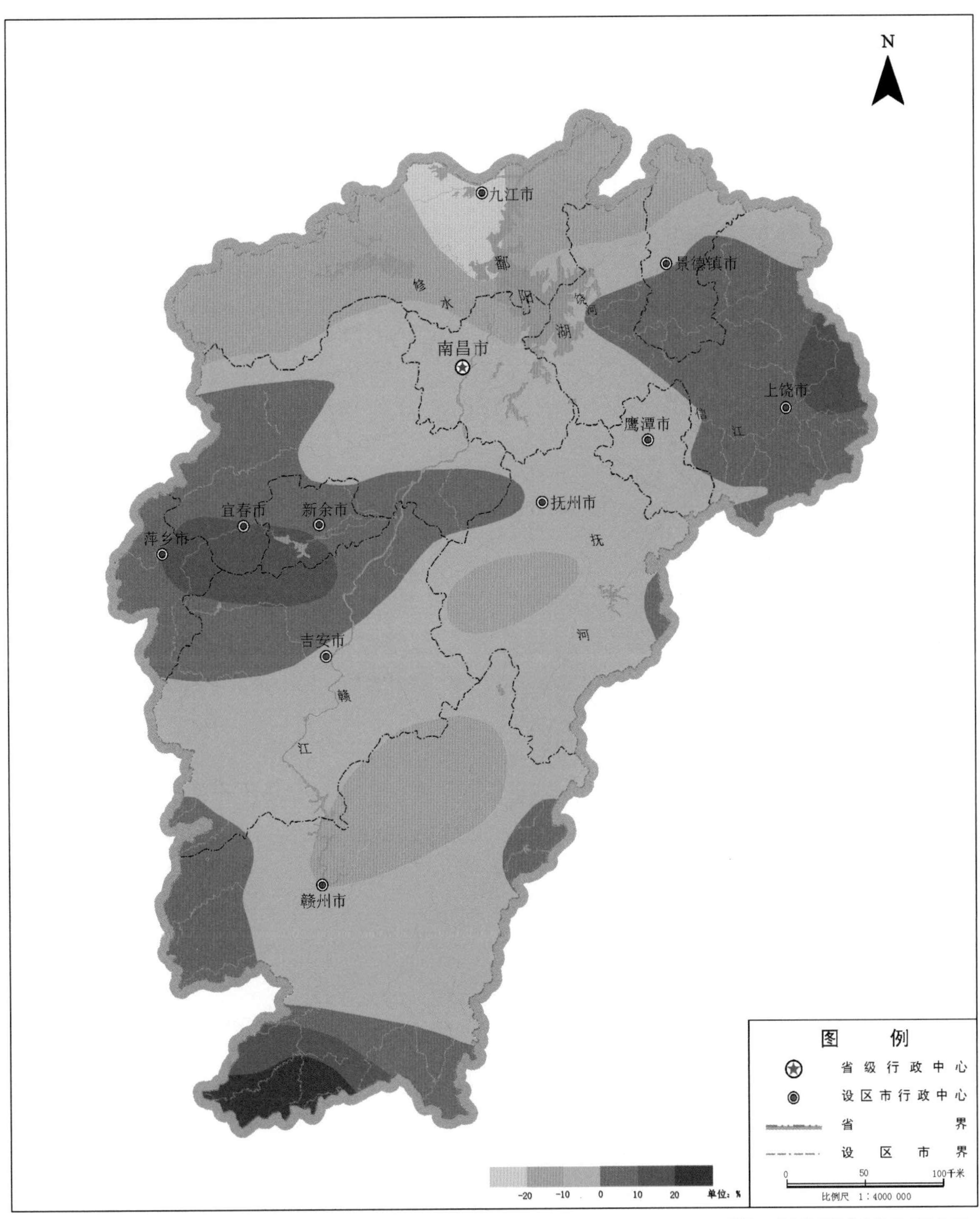

审图号：赣 s（2023）66 号

附注：图内所有界线不作为划界依据

图 2　2022 年江西省年降水量距平图

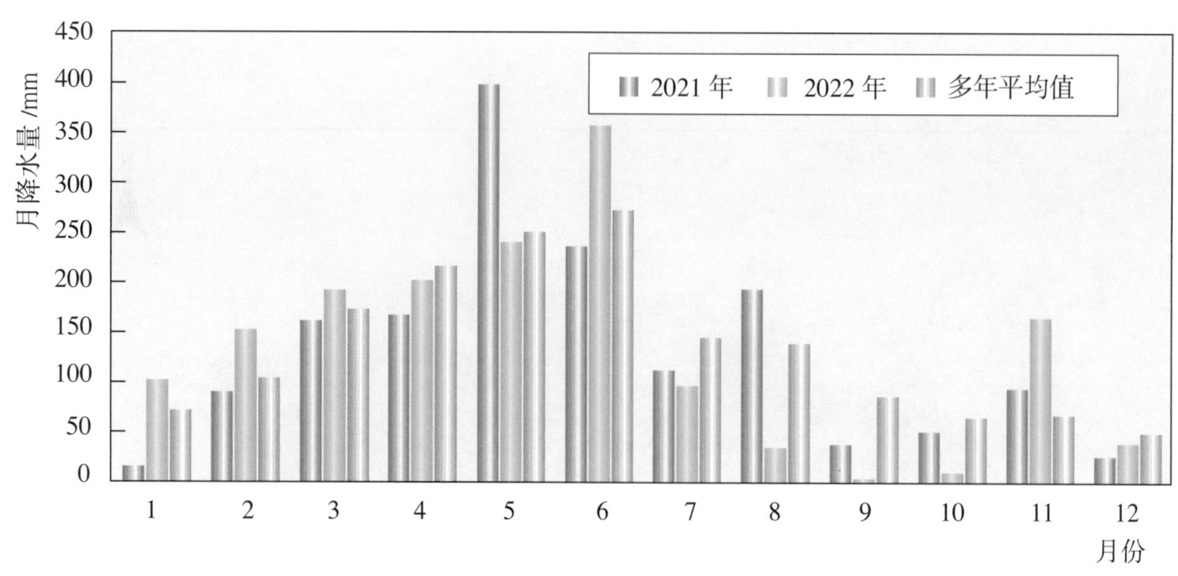

图 3　2022 年江西省月降水量变化与 2021 年和多年平均值比较

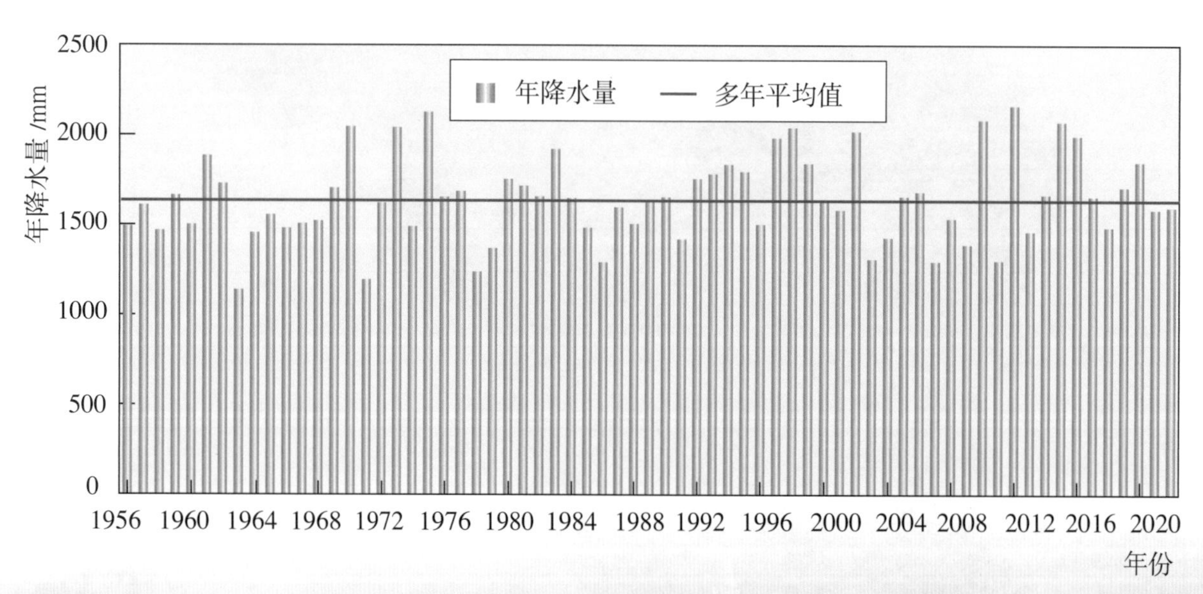

图 4　1956—2022 年江西省年降水量变化图

表 1　2022 年江西省行政分区降水量

行政分区	计算面积/km²	2022 年降水量 /mm	2021 年降水量 /mm	与 2021 年比较 /%	与多年平均值比较 /%
南昌市	7403	1388	1619	−14.3	−11.7
景德镇市	5248	1788	2084	−14.2	−1.5
萍乡市	3827	1756	1477	18.9	9.7
九江市	18823	1251	1554	−19.5	−17.1
新余市	3164	1703	1445	17.8	6.8
鹰潭市	3554	1714	1795	−4.5	−9.1
赣州市	39380	1565	1297	20.7	−1.7
吉安市	25271	1521	1435	6.0	−2.9
宜春市	18670	1689	1637	3.2	1.2
抚州市	18817	1682	1666	1.0	−4.6
上饶市	22791	1857	2063	−10.0	3.9
全省	166948	1599	1587	0.7	−2.8

从水资源分区看，降水量最大的是东南诸河，为 2000mm；最小的是长江干流城陵矶至湖口右岸区，为 1131mm。与 2021 年比较，赣江上游、赣江中游、赣江下游、抚河、洞庭湖水系、北江、东江、韩江及粤东诸河、东南诸河降水量增多，其中以东江增多 63.2% 为最大，其余分区降水量均减少，其中以长江干流城陵矶至湖口右岸区减少 22.3% 为最大。与多年平均值比较，赣江下游、信江、饶河、洞庭湖水系、东江、韩江及粤东诸河、东南诸河降水量增多，其中以东江增多 12.5% 为最大；其余分区降水量减少，其中以长江干流城陵矶至湖口右岸区减少 21.0% 为最大。2022 年江西省水资源分区降水量见表 2。

表 2　2022 年江西省水资源分区降水量

水资源分区	计算面积/km²	2022 年降水量/mm	2021 年降水量/mm	与 2021 年比较/%	与多年平均值比较/%
1. 长江流域	163143	1594	1598	−0.2	−3.2
(1) 鄱阳湖水系	156743	1602	1603	−0.1	−3.1
1) 赣江（外洲以上）	79666	1561	1410	10.7	−1.9
赣江上游（栋背以上）	38949	1532	1342	14.2	−3.3
赣江中游（栋背至峡江）	22493	1535	1430	7.3	−2.9
赣江下游（峡江至外洲）	18224	1655	1533	8.0	2.2
2) 抚河（李家渡以上）	15788	1681	1655	1.6	−4.3
3) 信江（梅港以上）	14516	1907	2028	−6.0	1.8
4) 饶河（石镇街、古县渡以上）	12044	1889	2176	−13.2	2.0
5) 修水（永修以上）	14539	1442	1735	−16.9	−12.4
6) 鄱阳湖环湖区	20190	1431	1581	−9.5	−7.1
(2) 洞庭湖水系	2584	1706	1481	15.2	6.6
(3) 长江干流城陵矶至湖口右岸区（赤湖）	2377	1131	1456	−22.3	−21.0
(4) 长江干流湖口以下右岸区（彭泽区）	1439	1249	1467	−14.9	−11.7
2. 珠江流域	3708	1817	1119	62.4	12.2
(1) 北江（大坑口以上至浈水）	38	1489	1181	26.1	−1.5
(2) 东江（秋香江口以上至东江上游）	3524	1821	1116	63.2	12.5
(3) 韩江及粤东诸河（白莲以上至汀江、梅江）	146	1810	1171	54.5	9.0
3. 东南诸河（钱塘江至富春江水库上游）	97	2000	1977	1.2	11.2
全省	166948	1599	1587	0.7	−2.8

（二）地表水资源量

2022 年江西省地表水资源量为 1533.60 亿 m³，折合年径流深为 919mm，比 2021 年多 9.5%，比多年平均值少 1.2%。

从行政分区看，与 2021 年比较，南昌市、景德镇市、九江市、鹰潭市、上饶市地表水资源量减少，其中以九江市减少 25.8% 为最大；其余设区市地表水资源量增多，其中以赣州市增多 73.2% 为最大。与多年平均值比较，九江市、鹰潭市、赣州市、吉安市、抚州市地表水资源量减少，其中以九江市减少 21.3% 为最大；其余设区市地表水资源量增多，其中以萍乡市增多 29.2% 为最大。2022 年江西省行政分区地表水资源量见表 3，2022 年江西省行政分区地表水资源量与 2021 年和多年平均值比较见图 5。

表 3　2022 年江西省行政分区地表水资源量

行政分区	计算面积 /km²	2022 年地表水资源量 / 亿 m³	2021 年地表水资源量 / 亿 m³	与 2021 年比较 /%	与多年平均值比较 /%
南昌市	7403	71.48	79.35	-9.9	15.4
景德镇市	5248	54.13	67.26	-19.5	2.2
萍乡市	3827	47.16	36.79	28.2	29.2
九江市	18823	116.43	156.96	-25.8	-21.3
新余市	3164	33.68	28.46	18.3	15.6
鹰潭市	3554	35.77	40.70	-12.1	-14.7
赣州市	39380	313.14	180.78	73.2	-7.2
吉安市	25271	211.66	159.14	33.0	-6.8
宜春市	18670	194.88	184.01	5.9	9.3
抚州市	18817	187.73	166.99	12.4	-5.4
上饶市	22791	267.54	300.12	-10.9	11.0
全 省	166948	1533.60	1400.56	9.5	-1.2

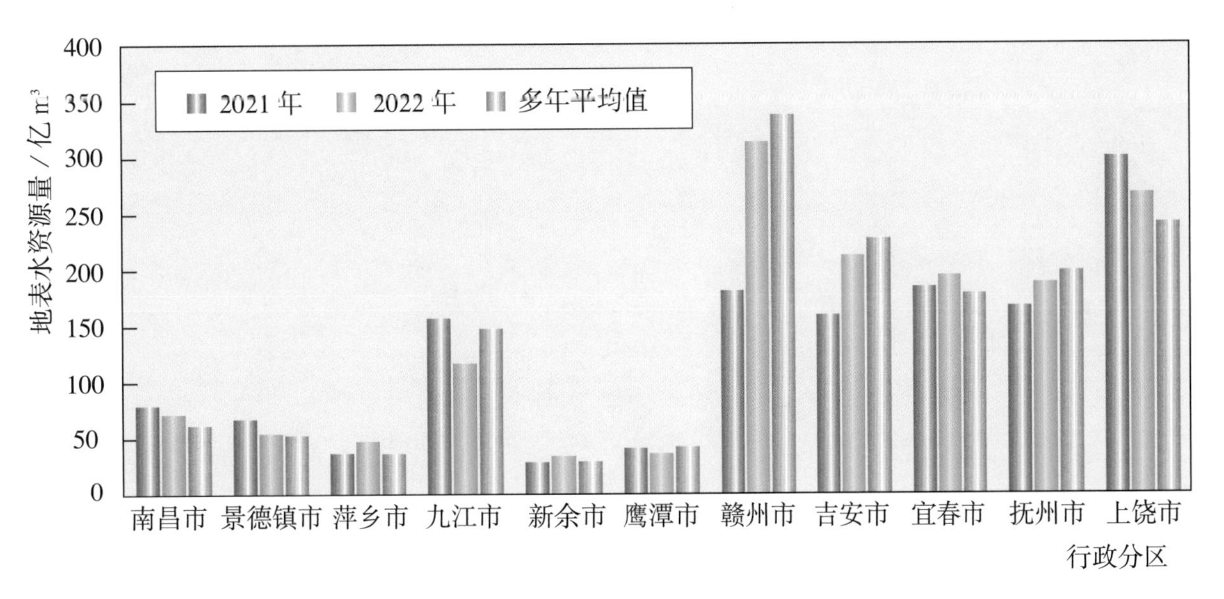

图 5　2022 年江西省行政分区地表水资源量与 2021 年和多年平均值比较图

从水资源分区看，与 2021 年比较，赣江上游、赣江中游、赣江下游、抚河、洞庭湖水系、北江、东江、韩江及粤东诸河、东南诸河地表水资源量增加，其中以北江增多 118.8% 为最大；其余分区地表水资源量减少，其中以修水减少 23.2% 为最大。与多年平均值比较，赣江下游、信江、饶河、鄱阳湖环湖区、洞庭湖水系、北江、东南诸河地表水资源量增多，其中以东南诸河增多 20.0% 为最大；其余分区地表水资源量减少，其中以长江干流城陵矶至湖口右岸区减少 27.5% 为最大。2022 年江西省水资源分区地表水资源量见表 4。

表 4　2022 年江西省水资源分区地表水资源量

水资源分区	计算面积 /km²	2022 年地表水资源量 / 亿 m³	2021 年地表水资源量 / 亿 m³	与 2021 年比较 /%	与多年平均值比较 /%
1. 长江流域	163143	1505.05	1386.13	8.6	−1.0
(1) 鄱阳湖水系	156743	1453.13	1336.98	8.7	−0.9
1) 赣江（外洲以上）	79666	689.42	500.75	37.7	−2.4
赣江上游（栋背以上）	38949	314.63	193.16	62.9	−5.5
赣江中游（栋背至峡江）	22493	191.78	144.80	32.4	−6.7
赣江下游（峡江至外洲）	18224	183.01	162.79	12.4	8.8
2) 抚河（李家渡以上）	15788	155.06	138.19	12.2	−6.0
3) 信江（梅港以上）	14516	184.08	190.08	−3.2	5.1
4) 饶河（石镇街、古县渡以上）	12044	133.82	161.38	−17.1	3.9
5) 修水（永修以上）	14539	113.23	147.49	−23.2	−15.0
6) 鄱阳湖环湖区	20190	177.52	199.09	−10.8	12.2
(2) 洞庭湖水系	2584	29.15	23.96	21.7	19.6
(3) 长江干流城陵矶至湖口右岸区（赤湖）	2377	13.21	15.47	−14.6	−27.5
(4) 长江干流湖口以下右岸区（彭泽区）	1439	9.56	9.72	−1.6	−8.3
2. 珠江流域	3708	27.23	13.18	106.6	−14.0
(1) 北江（大坑口以上至浈水）	38	0.35	0.16	118.8	5.7
(2) 东江（秋香江口以上至东江上游）	3524	25.90	12.43	108.4	−13.9
(3) 韩江及粤东诸河（白莲以上至汀江、梅江）	146	0.98	0.59	66.1	−23.2
3. 东南诸河（钱塘江至富春江水库上游）	97	1.32	1.25	5.6	20.0
全省	166948	1533.60	1400.56	9.5	−1.2

2022 年，外省流入江西省境内的水量为 52.26 亿 m^3，其中，福建省流入 12.49 亿 m^3，湖南省流入 8.92 亿 m^3，广东省流入 3.15 亿 m^3，浙江省流入 7.02 亿 m^3，安徽省流入 20.68 亿 m^3。

从江西省流出的水量（不包括湖口流入长江的水量）为 76.99 亿 m^3。其中，从萍乡市、宜春市流出至湖南省的水量为 24.93 亿 m^3，从九江市流出至湖南省的水量为 1.86 亿 m^3，从九江市流出至湖北省的水量为 2.35 亿 m^3，从九江市流出至长江的水量为 20.30 亿 m^3，从上饶市流出至浙江省的水量为 1.28 亿 m^3，从赣州市流出至广东省的水量为 26.27 亿 m^3。

2022 年湖口水文站实测从湖口流入长江的水量为 1430.00 亿 m^3。2022 年江西省流入流出水量分布见图 6。

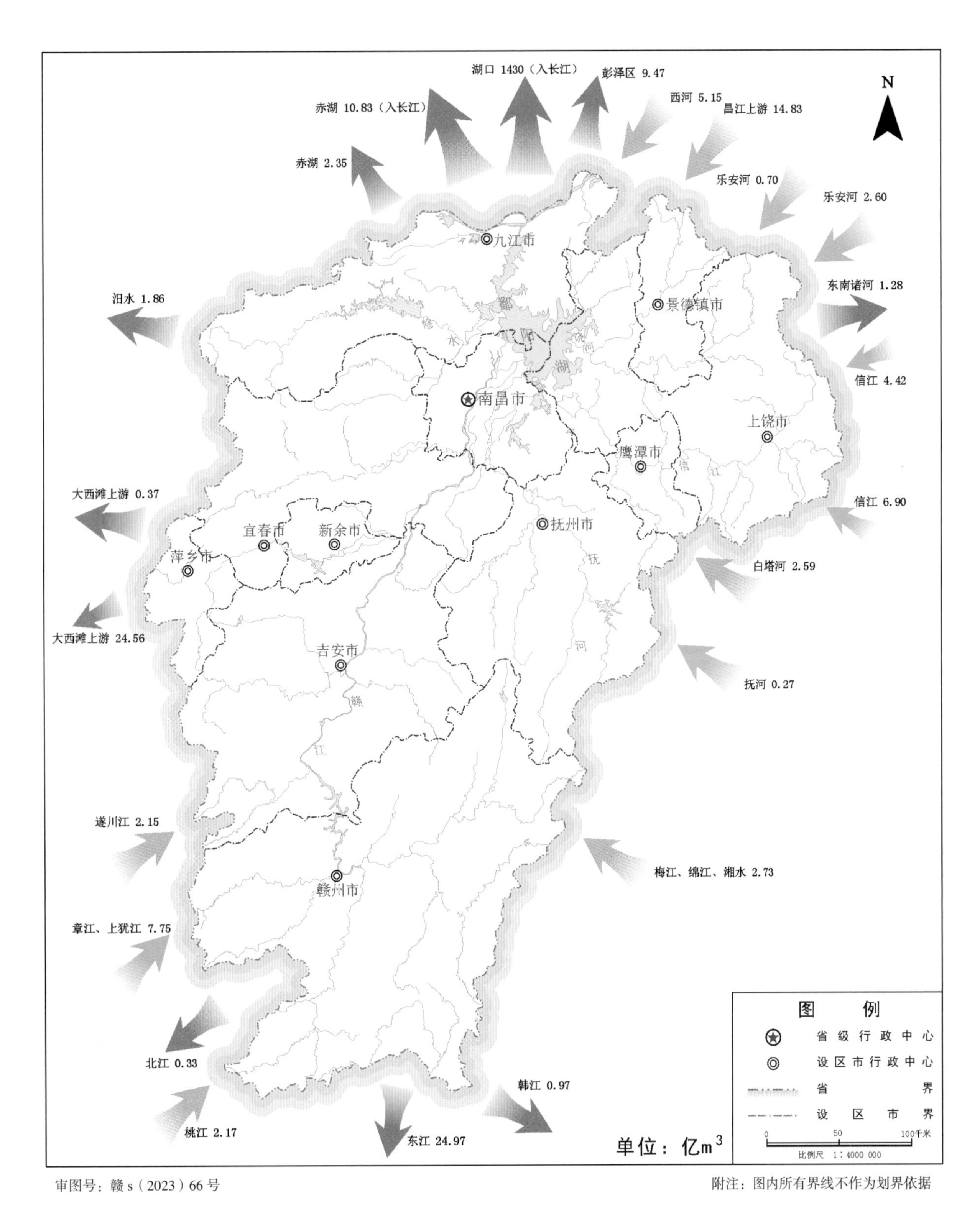

审图号：赣 s（2023）66 号

附注：图内所有界线不作为划界依据

图 6　2022 年江西省流入流出水量分布图

（三）地下水资源量

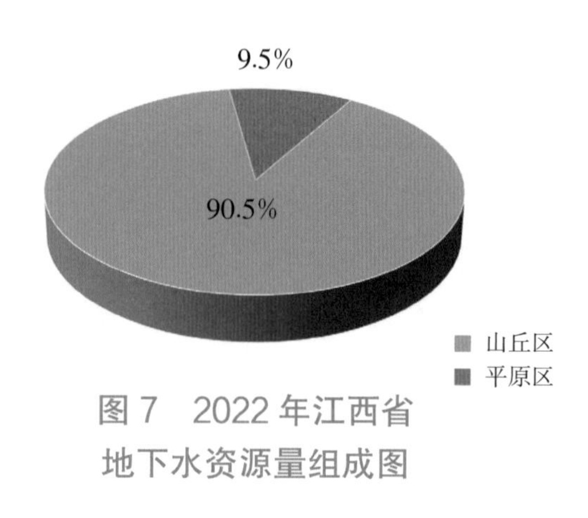

图 7　2022 年江西省地下水资源量组成图

2022 年江西省地下水资源量为 363.65 亿 m³，比 2021 年多 9.5%，比多年平均值少 4.0%。平原区地下水资源量为 34.83 亿 m³，其中，降水入渗补给量为 29.45 亿 m³，地表水体入渗补给量为 5.38 亿 m³；山丘区地下水资源量为 329.96 亿 m³；平原区与山丘区地下水资源重复计算量为 1.14 亿 m³。2022 年江西省地下水资源量组成见图 7。

（四）水资源总量

2022 年江西省水资源总量为 1556.19 亿 m³，比 2021 年多 9.6%，比多年平均值少 0.8%。地下水资源与地表水资源不重复计算量为 22.59 亿 m³。全省水资源总量占降水总量的 58.28%，单位面积产水量为 93.21 万 m³/km²。2022 年江西省行政分区水资源总量见表 5，2022 年江西省水资源分区水资源总量见表 6，1956—2022 年江西省年水资源总量变化见图 8。

表 5　2022 年江西省行政分区水资源总量

行政分区	地表水资源量 / 亿 m³	地下水资源量 / 亿 m³	地下水资源与地表水资源不重复量 / 亿 m³	水资源总量 / 亿 m³	与 2021 年比较 /%	与多年平均值比较 /%
南昌市	71.48	14.01	4.32	75.80	−9.1	15.0
景德镇市	54.13	10.67	0	54.13	−19.5	2.2
萍乡市	47.16	9.07	0	47.16	28.2	29.2
九江市	116.43	29.67	7.83	124.26	−23.2	−18.9
新余市	33.68	7.11	0	33.68	18.4	15.6
鹰潭市	35.77	9.52	0.11	35.88	−12.1	−14.6
赣州市	313.14	67.26	0	313.14	73.2	−7.2
吉安市	211.66	65.07	0	211.66	33.0	−6.8
宜春市	194.88	45.43	3.64	198.52	5.9	9.8
抚州市	187.73	49.11	0.02	187.75	12.4	−5.4
上饶市	267.54	56.73	6.67	274.21	−10.6	11.7
全 省	1533.60	363.65	22.59	1556.19	9.6	−0.8

表 6　2022 年江西省水资源分区水资源总量

水资源分区	地表水资源量 / 亿 m^3	地下水资源量 / 亿 m^3	地下水资源与地表水资源不重复量 / 亿 m^3	水资源总量 / 亿 m^3	与 2021 年比较 /%	与多年平均值比较 /%
1. 长江流域	1505.05	358.08	22.59	1527.64	8.7	−0.6
(1) 鄱阳湖水系	1453.13	348.89	22.59	1475.72	8.8	−0.5
1) 赣江（外洲以上）	689.42	169.67	0	689.42	37.7	−2.4
赣江上游（栋背以上）	314.63	72.57	0	314.63	62.9	−5.5
赣江中游（栋背至峡江）	191.78	57.11	0	191.78	32.4	−6.7
赣江下游（峡江至外洲）	183.01	39.99	0	183.01	12.4	8.8
2) 抚河（李家渡以上）	155.06	40.85	0	155.06	12.2	−6.0
3) 信江（梅港以上）	184.08	44.58	0	184.08	−3.2	5.1
4) 饶河（石镇街、古县渡以上）	133.82	26.30	0	133.82	−17.1	3.9
5) 修水（永修以上）	113.23	33.80	0	113.23	−23.2	−15.0
6) 鄱阳湖环湖区	177.52	33.69	22.59	200.11	−8.3	14.7
(2) 洞庭湖水系	29.15	5.05	0	29.15	21.7	19.6
(3) 长江干流城陵矶至湖口右岸区（赤湖）	13.21	2.77	0	13.21	−14.6	−27.5
(4) 长江干流湖口以下右岸区（彭泽区）	9.56	1.37	0	9.56	−1.6	−8.3
2. 珠江流域	27.23	5.23	0	27.23	106.6	−14.0
(1) 北江（大坑口以上至浈水）	0.35	0.09	0	0.35	118.8	5.7
(2) 东江（秋香江口以上至东江上游）	25.90	4.92	0	25.90	108.4	−13.9
(3) 韩江及粤东诸河（白莲以上至汀江、梅江）	0.98	0.22	0	0.98	66.1	−23.2
3. 东南诸河（钱塘江至富春江水库上游）	1.32	0.34	0	1.32	5.6	20.0
全省	1533.60	363.65	22.59	1556.19	9.6	−0.8

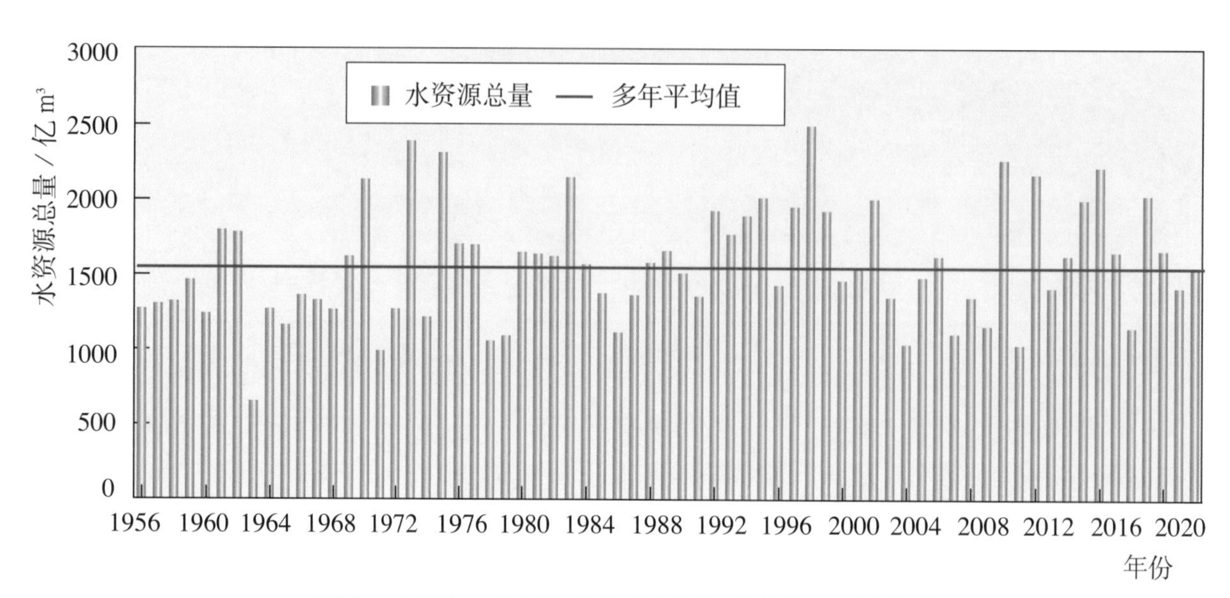

图 8　1956—2022 年江西省年水资源总量变化图

三、蓄水动态

2022 年年末，江西省 36 座大型水库、264 座中型水库蓄水总量为 114.89 亿 m³，比年初减少 6.59 亿 m³，其中，大型水库年末蓄水总量为 94.81 亿 m³，比年初减少 3.88 亿 m³；中型水库年末蓄水总量为 20.08 亿 m³，比年初减少 2.71 亿 m³。2022 年江西省大中型水库年均蓄水量为 124.43 亿 m³，其中，大型水库年均蓄水量为 97.64 亿 m³，中型水库年均蓄水量为 26.79 亿 m³。2022 年江西省行政分区大中型水库蓄水动态见表 7，2022 年江西省水资源分区大中型水库蓄水动态见表 8。

表 7　2022 年江西省行政分区大中型水库蓄水动态

行政分区	大型水库					中型水库				
	水库座数/座	年初蓄水总量/亿 m³	年末蓄水总量/亿 m³	蓄水变量/亿 m³	年均蓄水量/亿 m³	水库座数/座	年初蓄水总量/亿 m³	年末蓄水总量/亿 m³	蓄水变量/亿 m³	年均蓄水量/亿 m³
南昌市	0	0	0	0	0	7	0.39	0.20	−0.19	0.43
景德镇市	2	1.17	1.33	0.16	1.57	6	0.26	0.14	−0.12	0.28
萍乡市	1	0.74	0.70	−0.04	0.75	7	0.37	0.41	0.04	0.45
九江市	2	48.08	42.90	−5.18	47.36	27	3.21	2.80	−0.41	3.29
新余市	1	3.03	3.32	0.29	2.81	6	0.14	0.18	0.04	0.28
鹰潭市	1	0.44	0.30	−0.14	0.39	10	0.65	0.47	−0.18	0.74
赣州市	6	9.24	9.35	0.11	9.50	47	5.47	5.69	0.22	6.09
吉安市	10	24.58	25.91	1.33	23.09	40	2.56	2.18	−0.38	3.38
宜春市	6	1.64	2.19	0.55	2.84	47	3.38	2.72	−0.66	4.47
抚州市	2	4.91	5.23	0.32	4.61	28	2.94	2.64	−0.30	3.36
上饶市	5	4.86	3.58	−1.28	4.72	39	3.42	2.65	−0.77	4.02
全省	36	98.69	94.81	−3.88	97.64	264	22.79	20.08	−2.71	26.79

注　1. 水库座数以水库下闸蓄水为标准统计。
2. 年均蓄水量采用各月月末蓄水量的均值。
3. 蓄水变量 = 年末蓄水总量 − 年初蓄水总量。
4. 较 2021 年增加了 2 座大型水库：宜春市袁州区四方井水库、吉安市万安县井冈山枢纽；1 座中型水库调整为大型水库，即赣州市于都县跃州水库。
5. 较 2021 年增加了 3 座中型水库：宜春市上高县保丰水库、靖安县洪坪水电站（上库坝上、下库坝上）。

表 8　2022 年江西省水资源分区大中型水库蓄水动态

水资源分区	大型水库					中型水库				
	水库座数/座	年初蓄水总量/亿 m^3	年末蓄水总量/亿 m^3	蓄水变量/亿 m^3	年均蓄水量/亿 m^3	水库座数/座	年初蓄水总量/亿 m^3	年末蓄水总量/亿 m^3	蓄水变量/亿 m^3	年均蓄水量/亿 m^3
1. 长江流域	36	98.69	94.81	−3.88	97.64	257	21.82	18.77	−3.05	25.58
(1) 鄱阳湖水系	36	98.69	94.81	−3.88	97.64	245	21.03	18.03	−3.00	24.70
1) 赣江（外洲以上）	21	38.47	40.79	2.32	37.78	123	9.05	8.20	−0.85	11.01
赣江上游（栋背以上）	7	19.94	20.15	0.21	17.96	42	4.79	4.54	−0.25	5.08
赣江中游（栋背至峡江）	8	12.73	13.16	0.43	12.81	39	2.41	2.17	−0.24	3.22
赣江下游（峡江至外洲）	6	5.80	7.48	1.68	7.01	42	1.85	1.49	−0.36	2.71
2) 抚河（李家渡以上）	2	4.91	5.23	0.32	4.61	20	2.11	1.89	−0.22	2.37
3) 信江（梅港以上）	3	3.88	3.31	−0.57	3.90	26	3.28	2.76	−0.52	3.97
4) 饶河（石镇街、古县渡以上）	3	1.54	1.51	−0.03	1.93	14	0.92	0.67	−0.25	1.11
5) 修水（永修以上）	3	48.49	43.29	−5.20	47.96	19.00	3.68	3.19	−0.49	3.70
6) 鄱阳湖环湖区	4	1.40	0.68	−0.72	1.46	43	1.99	1.32	−0.67	2.54
(2) 洞庭湖水系	0	0	0	0	0	5	0.24	0.28	0.04	0.30
(3) 长江干流城陵矶至湖口右岸区（赤湖）	0	0	0	0	0	3	0.18	0.09	−0.09	0.20
(4) 长江干流湖口以下右岸区（彭泽区）	0	0	0	0	0	4	0.37	0.37	0	0.38
2. 珠江流域	0	0	0	0	0	7	0.97	1.31	0.34	1.21
(1) 北江（大坑口以上至浈水）	0	0	0	0	0	0	0	0	0	0
(2) 东江（秋香江口以上至东江上游）	0	0	0	0	0	7	0.97	1.31	0.34	1.21
(3) 韩江及粤东诸河（白莲以上至汀江、梅江）	0	0	0	0	0	0	0	0	0	0
3. 东南诸河（钱塘江至富春江水库上游）	0	0	0	0	0	0	0	0	0	0
全省	36	98.69	94.81	−3.88	97.64	264	22.79	20.08	−2.71	26.79

注　1. 水库座数以水库下闸蓄水为标准统计。
2. 年均蓄水量采用各月月末蓄水量的均值。
3. 蓄水变量 = 年末蓄水总量 − 年初蓄水总量。
4. 较 2021 年增加了 2 座大型水库：宜春市袁州区四方井水库、吉安市万安县井冈山枢纽；1 座中型水库调整为大型水库，即赣州市于都县跃州水库。
5. 较 2021 年增加了 3 座中型水库：宜春市上高县保丰水库、靖安县洪坪水电站（上库坝上、下库坝上）。

四、水资源开发利用

（一）供水量

2022 年江西省供水总量为 269.77 亿 m³，占全年水资源总量的 17.3%。其中，地表水源供水量为 260.64 亿 m³，地下水源供水量为 6.08 亿 m³，其他水源供水量为 3.05 亿 m³。2022 年江西省行政分区供水量见表 9，2022 年江西省水资源分区供水量见表 10。与 2021 年比较，江西省供水总量增加 20.41 亿 m³，其中，地表水源供水量增加 18.74 亿 m³，地下水源供水量增加 1.13 亿 m³，其他水源供水量增加 0.54 亿 m³。在地表水源供水量中，蓄水工程供水量为 130.56 亿 m³，占 50.1%；引水工程供水量为 52.42 亿 m³，占 20.1%；提水工程供水量为 77.38 亿 m³，占 29.7%；调水工程供水量为 0.28 亿 m³，占 0.1%。2022 年江西省行政分区供水量组成见图 9，2022 年江西省水资源分区供水量组成见图 10。

表 9　2022 年江西省行政分区供水量　　　单位：亿 m³

行政分区	地表水源供水量					地下水源供水量	其他水源供水量	供水总量
	蓄水	引水	提水	调水	小计			
南昌市	5.59	17.28	9.95	0	32.82	0.96	0.20	33.98
景德镇市	4.91	0.71	2.14	0	7.76	0.12	0.04	7.92
萍乡市	2.51	2.78	0.74	0.28	6.31	0.22	0.20	6.73
九江市	12.60	1.81	10.82	0	25.23	0.23	0.17	25.63
新余市	5.09	1.93	1.19	0	8.21	0.29	0.11	8.61
鹰潭市	1.99	1.42	2.83	0	6.24	0.22	0.11	6.57
赣州市	19.74	7.74	6.27	0	33.75	1.36	1.12	36.23
吉安市	23.94	4.46	6.20	0	34.60	0.58	0.16	35.34
宜春市	26.88	2.97	19.13	0	48.98	0.80	0.22	50.00
抚州市	10.51	6.25	8.57	0	25.33	0.30	0.59	26.22
上饶市	16.80	5.07	9.54	0	31.41	1.00	0.13	32.54
全省	130.56	52.42	77.38	0.28	260.64	6.08	3.05	269.77

表 10　2022 年江西省水资源分区供水量　　　单位：亿 m^3

水资源分区	地表水源供水量					地下水源供水量	其他水源供水量	供水总量
	蓄水	引水	提水	调水	小计			
1. 长江流域	129.22	51.27	77.15	0.28	257.92	6.05	2.98	266.95
(1) 鄱阳湖水系	124.96	48.61	69.52	0	243.09	5.78	2.70	251.57
1) 赣江（外洲以上）	70.40	17.32	28.83	0	116.55	2.84	1.54	120.93
赣江上游（栋背以上）	21.42	7.29	6.09	0	34.8	1.36	1.06	37.22
赣江中游（栋背至峡江）	19.89	4.23	6.06	0	30.18	0.46	0.14	30.78
赣江下游（峡江至外洲）	29.09	5.80	16.68	0	51.57	1.02	0.34	52.93
2) 抚河（李家渡以上）	8.79	5.73	7.98	0	22.50	0.28	0.58	23.36
3) 信江（梅港以上）	10.85	4.25	6.32	0	21.42	0.70	0.22	22.34
4) 饶河（石镇街、古县渡以上）	8.49	1.57	4.23	0	14.29	0.36	0.06	14.71
5) 修水（永修以上）	9.33	2.35	2.67	0	14.35	0.23	0.05	14.63
6) 鄱阳湖环湖区	17.10	17.39	19.48	0	53.97	1.37	0.25	55.59
(2) 洞庭湖水系	1.62	2.02	0.74	0.28	4.66	0.20	0.16	5.02
(3) 长江干流城陵矶至湖口右岸区（赤湖）	1.42	0.30	6.14	0	7.86	0.05	0.09	8.00
(4) 长江干流湖口以下右岸区（彭泽区）	1.22	0.34	0.76	0	2.32	0.02	0.03	2.37
2. 珠江流域	1.33	1.07	0.23	0	2.63	0.03	0.07	2.73
(1) 北江（大坑口以上至浈水）	0.02	0	0	0	0.02	0	0	0.02
(2) 东江（秋香江口以上至东江上游）	1.25	1.05	0.22	0	2.52	0.03	0.07	2.62
(3) 韩江及粤东诸河（白莲以上至汀江、梅江）	0.06	0.02	0.01	0	0.09	0	0	0.09
3. 东南诸河（钱塘江至富春江水库上游）	0.01	0.08	0	0	0.09	0	0	0.09
全省	130.56	52.42	77.38	0.28	260.64	6.08	3.05	269.77

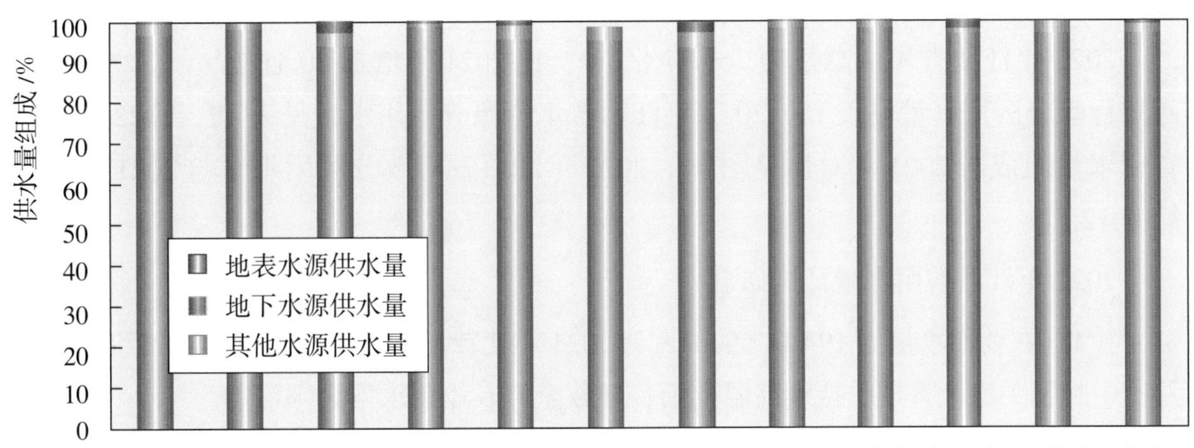

图 9　2022 年江西省行政分区供水量组成图

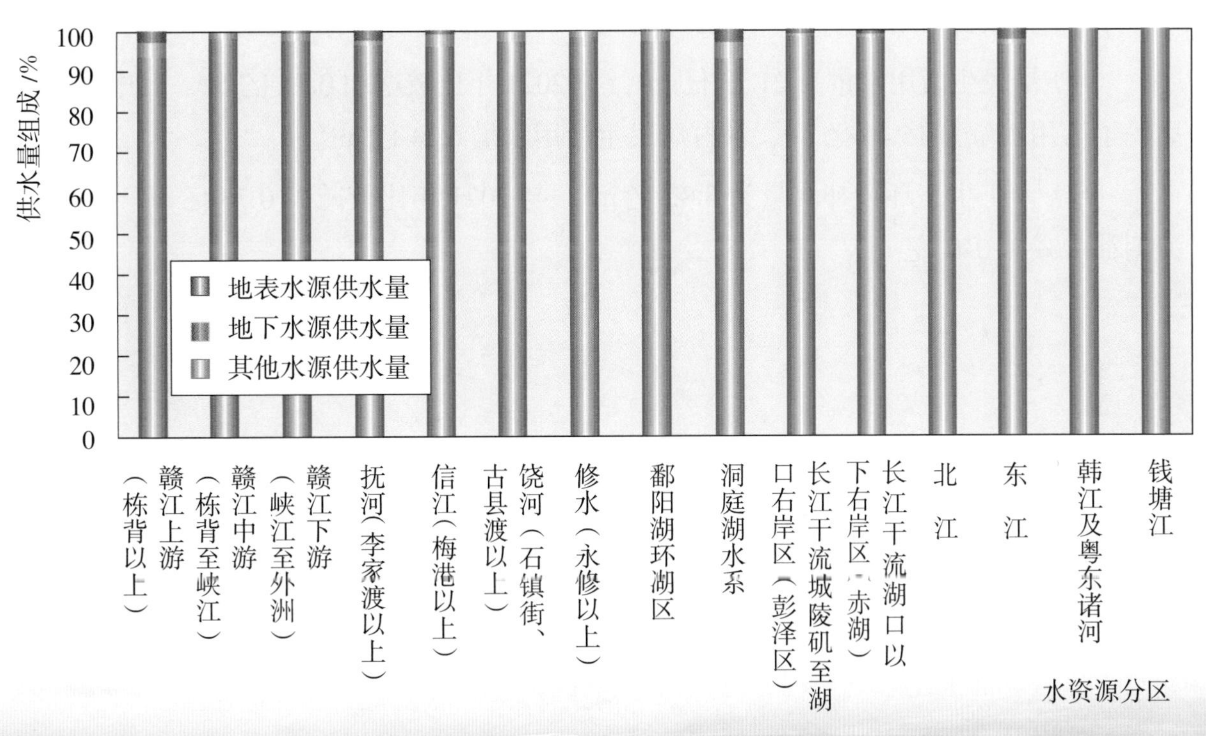

图 10　2022 年江西省水资源分区供水量组成图

（二）用水量

2022 年江西省用水总量为 269.77 亿 m^3，比 2021 年增加 20.41 亿 m^3。2022 年江西省行政分区用水量见表 11，2022 年江西省水资源分区用水量见表 12，2022 年江西省用水量组成与 2021 年对比见图 11，2022 年江西省行政分区用水量与 2021 年对比见图 12。

2022 年江西省用水量具体如下：

（1）农业用水量为 194.48 亿 m^3，与 2021 年比较增加 27.13 亿 m^3。2022 年 7—10 月（中晚稻关键生育期）持续高温少雨，导致全省农业用水量大幅增加。

（2）工业用水量为 42.25 亿 m^3，与 2021 年比较减少 6.44 亿 m^3。其中，火电工业用水量为 22.72 亿 m^3，较 2021 年减少 2.02 亿 m^3；非火电工业用水量 19.53 亿 m^3，较 2021 年减少 4.42 亿 m^3。

（3）城镇公共用水量为 7.49 亿 m^3，与 2021 年比较增加 0.14 亿 m^3。

（4）居民生活用水量为 21.73 亿 m^3，与 2021 年比较增加 0.31 亿 m^3。其中，城镇居民生活用水量为 15.49 亿 m^3，农村居民生活用水量 6.24 亿 m^3。

（5）人工生态环境补水量为 3.82 亿 m^3，与 2021 年比较减少 0.73 亿 m^3。其中，河湖补水减少 0.44 亿 m^3。

表 11　2022 年江西省行政分区用水量　　　　单位：亿 m³

行政分区	农业用水量	工业用水量	城镇公共用水量	居民生活用水量	人工生态环境补水量	用水总量	地下水用水量
南昌市	21.60	5.04	1.81	3.47	2.06	33.98	0.96
景德镇市	5.28	1.22	0.51	0.85	0.06	7.92	0.12
萍乡市	4.19	1.31	0.29	0.85	0.09	6.73	0.22
九江市	15.58	6.74	0.70	2.30	0.31	25.63	0.23
新余市	5.95	1.78	0.21	0.57	0.10	8.61	0.29
鹰潭市	4.96	0.65	0.31	0.56	0.09	6.57	0.22
赣州市	29.16	1.95	0.91	3.99	0.22	36.23	1.36
吉安市	29.13	3.54	0.58	1.92	0.17	35.34	0.58
宜春市	29.82	16.72	0.72	2.58	0.16	50.00	0.80
抚州市	22.59	1.31	0.61	1.57	0.14	26.22	0.30
上饶市	26.22	1.99	0.84	3.07	0.42	32.54	1.00
全　省	194.48	42.25	7.49	21.73	3.82	269.77	6.08

表 12　2022 年江西省水资源分区用水量　　单位：亿 m^3

水资源分区	农业用水量	工业用水量	城镇公共用水量	居民生活用水量	人工生态环境补水量	用水总量	地下水用水量
1. 长江流域	192.03	42.16	7.47	21.49	3.80	266.95	6.05
(1) 鄱阳湖水系	185.62	35.75	6.84	19.83	3.53	251.57	5.78
1) 赣江（外洲以上）	85.92	23.65	2.33	8.43	0.60	120.93	2.84
赣江上游（栋背以上）	30.03	2.01	0.95	4.02	0.21	37.22	1.36
赣江中游（栋背至峡江）	24.97	3.37	0.56	1.69	0.19	30.78	0.46
赣江下游（峡江至外洲）	30.92	18.27	0.82	2.72	0.20	52.93	1.02
2) 抚河（李家渡以上）	20.04	1.21	0.55	1.44	0.12	23.36	0.28
3) 信江（梅港以上）	17.09	1.74	0.86	2.31	0.34	22.34	0.70
4) 饶河（石镇街、古县渡以上）	10.64	1.88	0.66	1.37	0.16	14.71	0.36
5) 修水（永修以上）	12.53	0.80	0.24	0.97	0.09	14.63	0.23
6) 鄱阳湖环湖区	39.40	6.47	2.20	5.31	2.22	55.60	1.37
(2) 洞庭湖水系	2.94	1.04	0.25	0.72	0.07	5.02	0.20
(3) 长江干流城陵矶至湖口右岸区（赤湖）	2.07	4.57	0.35	0.82	0.19	8.00	0.05
(4) 长江干流湖口以下右岸区（彭泽区）	1.40	0.81	0.03	0.12	0.01	2.37	0.02
2. 珠江流域	2.36	0.09	0.02	0.24	0.02	2.73	0.03
(1) 北江（大坑口以上至浈水）	0.02	0	0	0	0	0.02	0
(2) 东江（秋香江口以上至东江上游）	2.25	0.09	0.02	0.24	0.02	2.62	0.03
(3) 韩江及粤东诸河（白莲以上至汀江、梅江）	0.09	0	0	0	0	0.09	0
3. 东南诸河（钱塘江至富春江水库上游）	0.09	0	0	0	0	0.09	0
全省	194.48	42.25	7.49	21.73	3.82	269.77	6.08

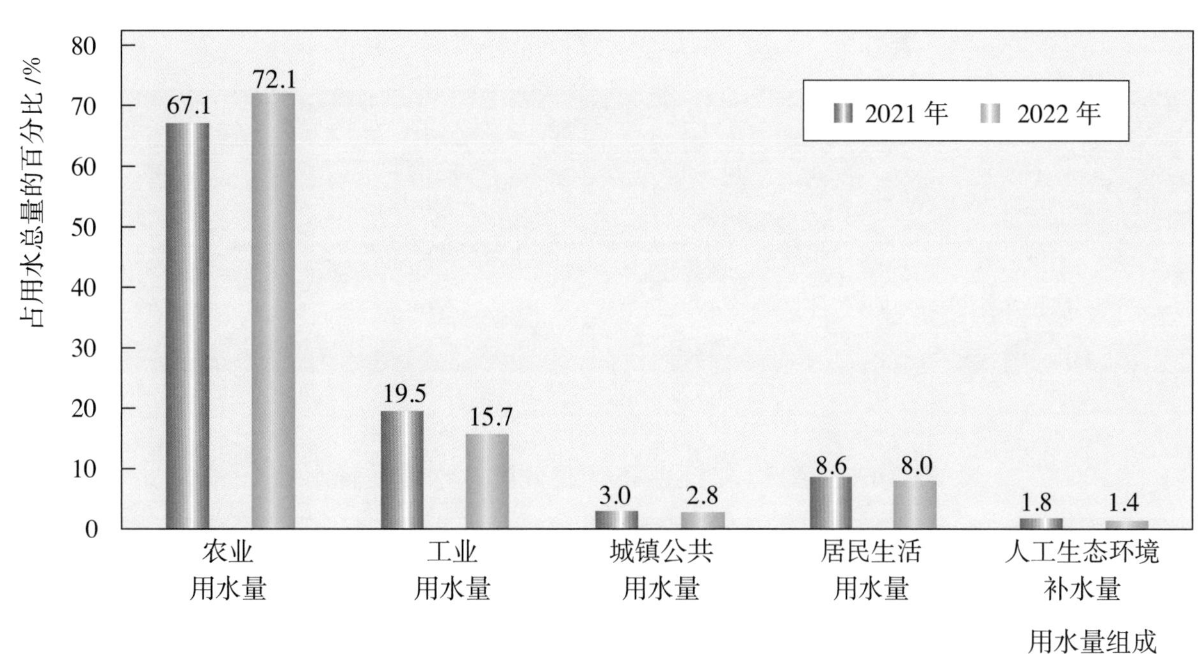

图 11 2022 年江西省用水量组成与 2021 年对比图

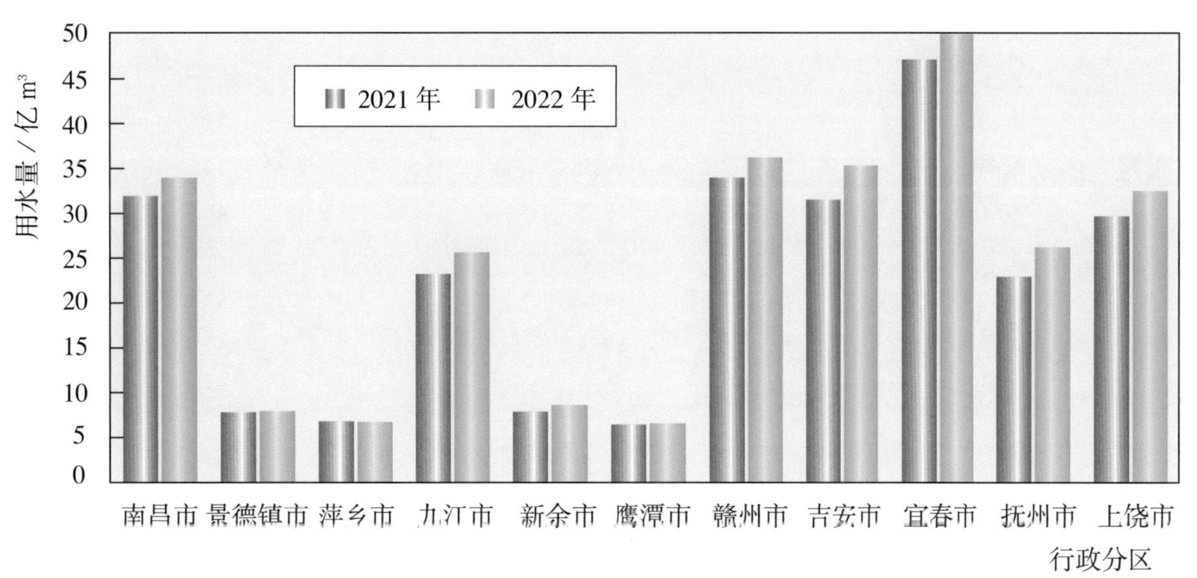

图 12 2022 年江西省行政分区用水量与 2021 年对比图

（三）耗水量

2022 年江西省耗水总量为 129.61 亿 m³，较 2021 年增加 12.75 亿 m³，综合耗水率为 48.0%。在耗水总量中，农业耗水量为 106.36 亿 m³，占耗水总量的 82.1%，耗水率为 54.7%；工业耗水量为 9.94 亿 m³，占耗水总量的 7.7%，耗水率为 23.5%；城镇公共耗水量为 2.89 亿 m³，占耗水总量的 2.2%，耗水率为 38.6%；居民生活耗水量 8.49 亿 m³，占耗水总量的 6.6%，耗水率为 39.1%；生态环境耗水量为 1.93 亿 m³，占耗水总量的 1.5%，耗水率为 50.5%。2022 年江西省分行业耗水量及耗水率见表 13，2022 年江西省行政分区耗水量及耗水率见表 14，2022 年江西省行政分区耗水率见图 13。

表 13　2022 年江西省分行业耗水量及耗水率

行业类别	耗水量 / 亿 m^3	占耗水总量比例 /%	耗水率 /%
农业	106.36	82.1	54.7
工业	9.94	7.7	23.5
城镇公共	2.89	2.2	38.6
居民生活	8.49	6.6	39.1
生态环境	1.93	1.5	50.5

表 14　2022 年江西省行政分区耗水量及耗水率

行政分区	耗水量 / 亿 m^3	耗水率 /%
南昌市	16.11	47.4
景德镇市	3.93	49.6
萍乡市	3.3	49.0
九江市	11.43	44.6
新余市	4.42	51.3
鹰潭市	3.41	51.9
赣州市	19.86	54.8
吉安市	17.27	48.9
宜春市	18.78	37.6
抚州市	14.04	53.5
上饶市	17.06	52.4
全省	129.61	48.0

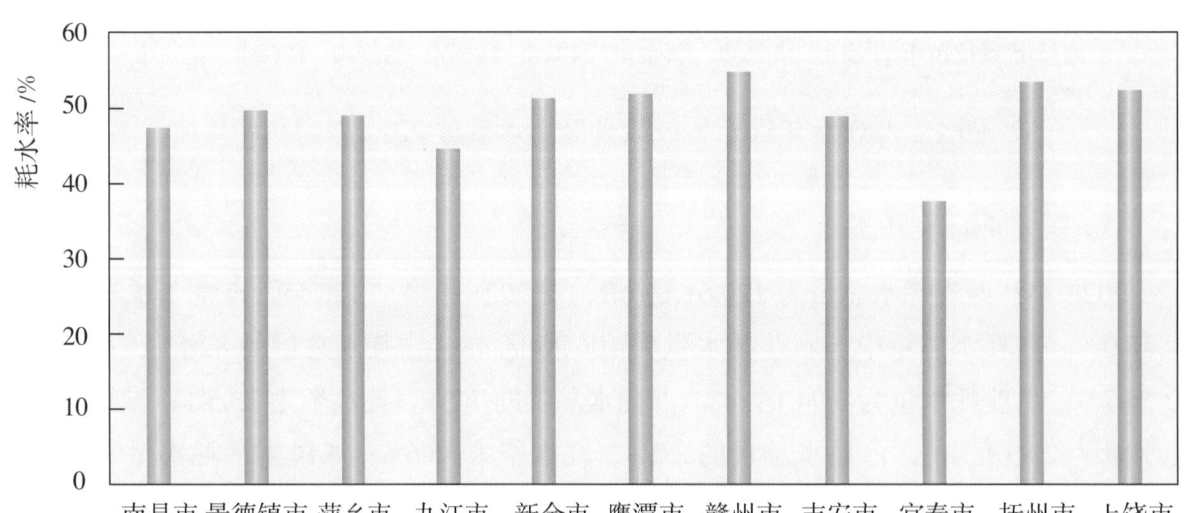

图 13　2022 年江西省行政分区耗水率

（四）用水指标

2022 年江西省人均综合用水量为 596m³，万元国内生产总值（当年价）用水量为 84m³，万元工业增加值（当年价）用水量为 39m³，耕地实际灌溉亩均用水量为 720m³，农田灌溉水有效利用系数为 0.530，林地灌溉亩均用水量为 192m³，园地灌溉亩均用水量为 195m³，鱼塘补水亩均用水量为 270m³，城镇人均生活用水量（含公共用水）为 224L/d，农村居民人均生活用水量为 100L/d。近八年，全省万元国内生产总值用水量、万元工业增加值用水量呈下降趋势，耕地实际灌溉亩均用水量受降水量总体减少影响呈上升趋势，2022 年人均用水量呈上升趋势，近八年江西省主要用水指标的变化趋势见图 14。

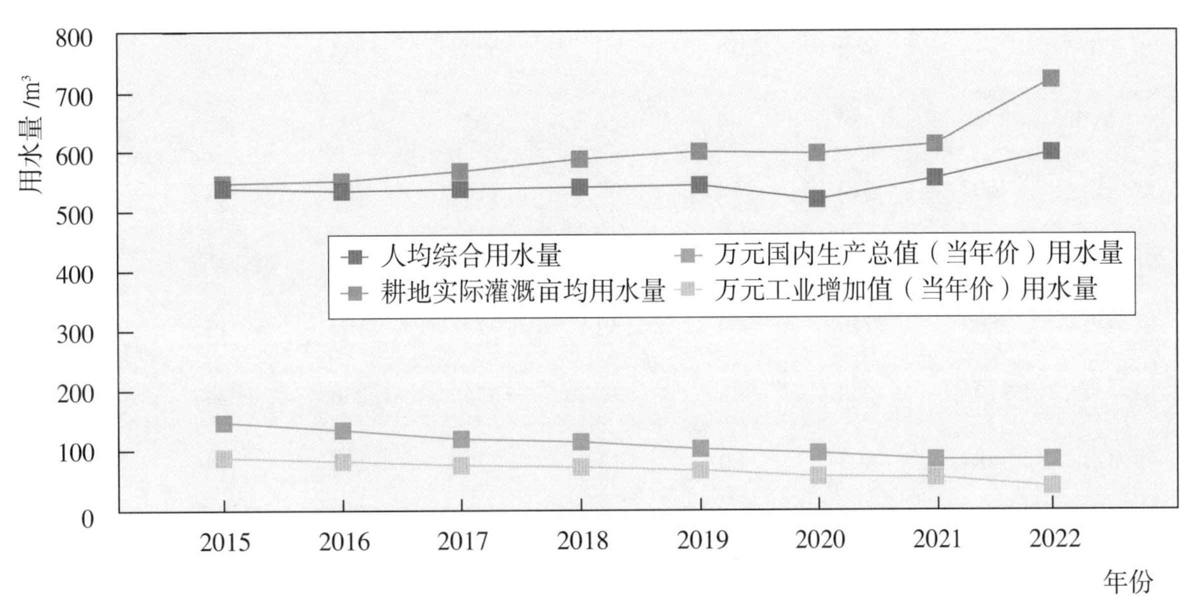

图 14　近八年江西省主要用水指标的变化趋势图

受人口密度、经济结构、作物组成、节水水平、气候因素和水资源条件等多种因素的影响，全省各行政区用水指标值差别较大，2022 年江西省行政分区主要用水指标见表 15。

表 15　2022 年江西省行政分区主要用水指标

行政分区	人均水资源量 /m³	人均综合用水量 /m³	万元国内生产总值用水量 /m³	万元工业增加值用水量 /m³	耕地实际灌溉亩均用水量 /m³	人均生活用水量 /（L/d）		
						城镇生活	城镇居民	农村居民
南昌市	1159	520	40	20	779	255	159	94
景德镇市	3338	489	66	26	703	295	165	98
萍乡市	2607	372	58	30	716	205	142	99
九江市	2726	562	64	39	675	225	158	105
新余市	2800	716	69	39	777	199	135	116
鹰潭市	3104	568	53	11	674	258	147	102
赣州市	3484	403	80	13	729	195	146	89
吉安市	4786	799	128	32	692	199	133	103
宜春市	3995	1006	144	126	717	236	168	106
抚州市	5246	733	135	24	713	209	129	107
上饶市	4261	506	98	19	735	219	155	100
全省	3437	596	84	39	720	224	151	100

注　1. 万元国内生产总值用水量和万元工业增加值用水量指标按当年价格计算。
2. 人口数字采用常住人口数。
3. 人均水资源量为当年当地水资源总量（不含过境水量）除以常住人口数。
4. 本表中“人均生活用水量”中“城镇生活”包括居民家庭生活用水和公共用水（含第三产业及建筑业等用水），“居民”仅包括居民家庭生活用水。

五、用水总量和用水效率控制指标执行情况

（一）2022 年度控制指标

按照国家下达的 2022 年控制指标和考核规定的年度目标计算方法，2022 年度江西省用水总量和用水效率控制目标是：用水总量控制在 262.32 亿 m^3 以内，万元国内生产总值用水量较 2020 年降低 10.0%，万元工业增加值用水量较 2020 年降低 13.0%，农田灌溉水有效利用系数达到 0.522。2022 年度江西省用水总量和用水效率控制目标执行情况良好，全省及各设区市折算后的用水总量和用水效率均在控制范围内。

（二）2022 年度目标完成情况

1. 用水总量

江西省用水总量为 269.77 亿 m^3，按 19% 折减耕地用水量（依据 2022 年江西省农业用水量折算方案）、按 98.5% 耗水量折减 2000 年以后投产的直流冷却火电用水量、按 100% 折减河湖补水用水量后，用水总量为 212.42 亿 m^3。2022 年江西省行政分区用水总量控制指标完成情况见表 16。

2. 用水效率

（1） 江西省万元国内生产总值用水量（可比价）较 2020 年降低 20.1%，年度控制指标为 10.0%。2022 年江西省行政分区万元国内生产总值用水量控制指标完成情况见表 17。

（2）江西省万元工业增加值用水量（可比价）较 2020 年降低 33.6%，年度控制指标为 13%。2022 年江西省行政分区万元工业增加值用水量控制指标完成情况见表 18。

（3）2022 年江西省非常规水源 3.05 亿 m^3，年度控制指标为 2.77 亿 m^3。2022 年江西省行政分区非常规水源利用控制指标完成情况见表 19。

（4）江西省农田灌溉水有效利用系数为 0.530，年度控制指标为 0.522。2022 年江西省行政分区农田灌溉水有效利用系数控制指标完成情况见表 20。

表 16　2022 年江西省行政分区用水总量控制指标完成情况　单位：亿 m^3

行政分区	2022 年用水总量	折减的耕地用水量	折减的直流火电用水量	折减的河湖补水用水量	折算后的 2022 年用水总量	2025 年控制指标
南昌市	33.98	4.06	0	1.30	28.62	32.36
景德镇市	7.92	1.00	0.05	0	6.87	9.27
萍乡市	6.73	0.75	0	0	5.98	9.00
九江市	25.63	2.93	3.76	0.09	18.85	23.41
新余市	8.61	1.07	0.18	0	7.36	8.21
鹰潭市	6.57	0.90	0	0	5.66	10.00
赣州市	36.23	5.11	0	0.01	31.11	35.97
吉安市	35.34	5.36	2.51	0	27.47	31.91
宜春市	50.00	5.57	13.69	0.04	30.70	36.87
抚州市	26.22	4.03	0	0.03	22.16	24.8
上饶市	32.54	4.91	0	0	27.64	34.05
全　省	269.77	35.69	20.19	1.47	212.42	262.32

表 17　2022 年江西省行政分区万元国内生产总值用水量控制指标完成情况

行政分区	2022 年万元国内生产总值用水量（可比价）/m^3	较 2020 年下降率（可比价）/%	2022 年控制指标 /%
南昌市	43.7	17.1	10.0
景德镇市	63.2	22.6	8.0
萍乡市	56.2	19.5	6.8
九江市	51.3	9.8	6.8
新余市	64.5	15.0	8.0
鹰潭市	50.1	22.9	6.0
赣州市	74.0	18.1	8.0
吉安市	109.0	14.8	8.8
宜春市	96.1	19.2	9.2
抚州市	123.1	12.4	6.0
上饶市	91.1	18.9	8.0
全　省	68.5	20.1	10.0

表 18　2022 年江西省行政分区万元工业增加值用水量控制指标完成情况

行政分区	2022 年万元工业增加值用水量（可比价）/m³	较 2020 年下降率（可比价）/%	2022 年控制指标 /%
南昌市	22.7	36.2	10.0
景德镇市	29.1	39.5	9.0
萍乡市	33.5	32.5	6.0
九江市	44.1	14.5	6.4
新余市	41.3	27.9	8.0
鹰潭市	12.7	52.1	7.0
赣州市	14.2	36.3	7.2
吉安市	36.0	37.9	6.8
宜春市	141.2	23.8	6.4
抚州市	26.1	34.8	5.0
上饶市	20.7	30.4	7.0
全　省	37.2	33.6	13.0

表 19　2022 年江西省行政分区非常规水源利用控制指标完成情况　单位：亿 m³

行政分区	2022 年非常规水源	2022 年控制指标	“十四五”目标
南昌市	0.20	0.20	0.37
景德镇市	0.04	0.02	0.06
萍乡市	0.20	0.14	0.18
九江市	0.17	0.09	0.25
新余市	0.11	0.10	0.14
鹰潭市	0.11	0.04	0.14
赣州市	1.12	1.12	1.15
吉安市	0.16	0.14	0.24
宜春市	0.22	0.11	0.19
抚州市	0.59	0.58	0.73
上饶市	0.13	0.10	0.25
全　省	3.05	2.77	3.70

注　非常规水源利用量为最低利用量。

表 20　2022 年江西省行政分区农田灌溉水有效利用系数控制指标完成情况

行政分区	2022 年农田灌溉水有效利用系数	2022 年控制指标
南昌市	0.524	0.516
景德镇市	0.531	0.511
萍乡市	0.531	0.523
九江市	0.534	0.534
新余市	0.524	0.516
鹰潭市	0.520	0.514
赣州市	0.532	0.516
吉安市	0.531	0.523
宜春市	0.526	0.507
抚州市	0.533	0.523
上饶市	0.528	0.514
全 省	0.530	0.522

六、重要水事

（一）江西加快推进水利高质量发展

江西省委、省政府立足省情水情，及时出台《关于推进全省水利高质量发展的意见》。《意见》明确 2025 年和 2035 年防洪安全、供水安全、生态安全三大安全目标，构建系统完善的防洪减灾体系、保障有力的水资源配置体系、科学系统的河湖生态健康体系、智能畅通的智慧水利体系、协同高效的水利管理体系、富有特色的水利改革创新体系六大任务。

（二）江西有力应对历史罕见干旱，创新建立防汛“三个 3 天”、抗旱“三个 10 天”预报机制，实现大旱之年无大灾

江西省遭遇“汛期反枯”、夏秋冬连旱的极端干旱天气。江西水利部门汛末抢抓降雨有利时机，水库提前蓄水，为长时间应对干旱提供了充足水源保障。建立“三个 3 天”常态化预报和“三个 10 天”旱情预警机制，派出工作组、水利专家指导各地算清水账，实施鄱阳湖水库群抗旱保供水联合调度专项行动，累计为下游补水 27.3 亿 m^3，有力保障了沿河两岸及湖区 950 万人、650 万亩农田用水需求。

（三）江西连续四年获得国家实行最严格水资源管理制度考核优秀

江西大力实施最严格水资源管理制度，贯彻国家节水行动方案，强化水资源刚性约束，用水总量和强度“双控”目标全面落实。提前一年完成全国重点河流生态流量保障目标确定任务和跨省、市河湖水量分配工作。2022 年，水权交易通过省公共资源交易平台完成 101 宗，成交水量 3323 万 m^3，成交金额 421 万元。2018—2021 年连续四年在国家实行最严格水资源管理制度考核中获得优秀。

（四）深入推进国家节水行动和社会节水

召开江西省节约用水工作协调推进小组会议，协调解决江西省节水工作中的重大问题。7 个县（市、区）获得国家县域节水型社会建设达标县称号。1 家重点用水企业、2 家工业园区列入国家级重点用水企业、园区水效领跑者公示名单。新创建 17 所省级节水型高校和 3 所省级高校水效领跑者，节水型高校累计建成率达 46%，超额完成国家下达的任务。创建 20 家省级公共机构水效领跑者，示范引领作用显著。

（五）江西被列为全国首批 7 个省级水网先导区之一

《江西省水网建设规划》于 7 月通过水利部审核、省政府批复。组织编制《江西省水网先导区建设实施方案》，竞争立项后江西省成功被列为全国首批 7 个省级水网先导区之一。

（六）江西扎实推进城乡供水一体化先行县建设

2022 年，江西省水利厅深入贯彻落实水利部、江西省委省政府部署，继续深入推进城乡供水一体化，切实巩固农村饮水安全脱贫攻坚成果。3 月，江西省水利厅联合省发展和改革委员会、省财政厅等 8 部门印发《江西省全面推行城乡供水一体化先行县建设行动方案》，坚持示范先行、以点带面，高位推动城乡供水一体化工作。

（七）江西全面推进幸福河湖建设

1 月 6 日，江西发布 1 号总河长令，强化河湖长制建设幸福河湖，全面部署幸福河湖建设。全省上下抓紧开展实施规划编制，全省 108 条（段）幸福河湖实施规划已经所在地总河长审定，94 条（段）幸福河湖已正式开工建设，预计总投资超 440 亿元。

（八）赣州被列为全国唯一的革命老区水利高质量发展示范区

6 月，水利部出台意见，支持江西革命老区水利高质量发展，这是首个由国家部委出台的专门针对江西革命老区发展的政策文件，充分体现了水利部对江西和赣州水利事业的深情大爱和特殊支持。10 月，赣州市委、市政府印发《赣州革命老区水利高质量发展示范区建设实施方案》，在 7 个方面示范发力，切实将政策红利转化为加快革命老区水利高质量发展的强大动能。

（九）大力推进鄱阳湖流域水资源“四水四定”管理创新研究

中国工程科技发展战略江西研究院项目“鄱阳湖流域水资源保护利用‘四水四定’战略研究”成功立项，完成相关实施方案编制和水利 + 科技项目申报，形成了院士咨询建议初稿。开展鄱阳湖水循环模拟“四水四定”数字支撑平台建设，完成实施方案编制并通过专家验收。已立项和自主开展的子课题研究均按照年度计划和要求有序推进。在龙南市、宁都县开展了“四水四定”研究试验。

（十）鄱阳湖刷新有记录以来最低水位，通江水体面积容积创有记录以来新低

6月中旬后，鄱阳湖星子站水位快速下降，分别于8月6日、8月19日、9月6日进入枯水期、低枯水期和极枯水期，较有记录以来（1951—2021年）平均出现时间分别提前92天、98天、115天，单日最大退幅为0.33m，水位从12m退至8m仅用31天，是有记录以来退水最快年份。9月23日，星子站刷新有记录以来最低水位（7.11m，2004年2月4日）后持续走低；11月17日，跌至2022年最低水位6.46m，比原最低水位低0.65m，湖区通江水体面积、容积创有记录以来新低，面积、容积分别为2022年最大时的1/16（226km²/3560km²）、1/30（6.97亿m³/208亿m³）。

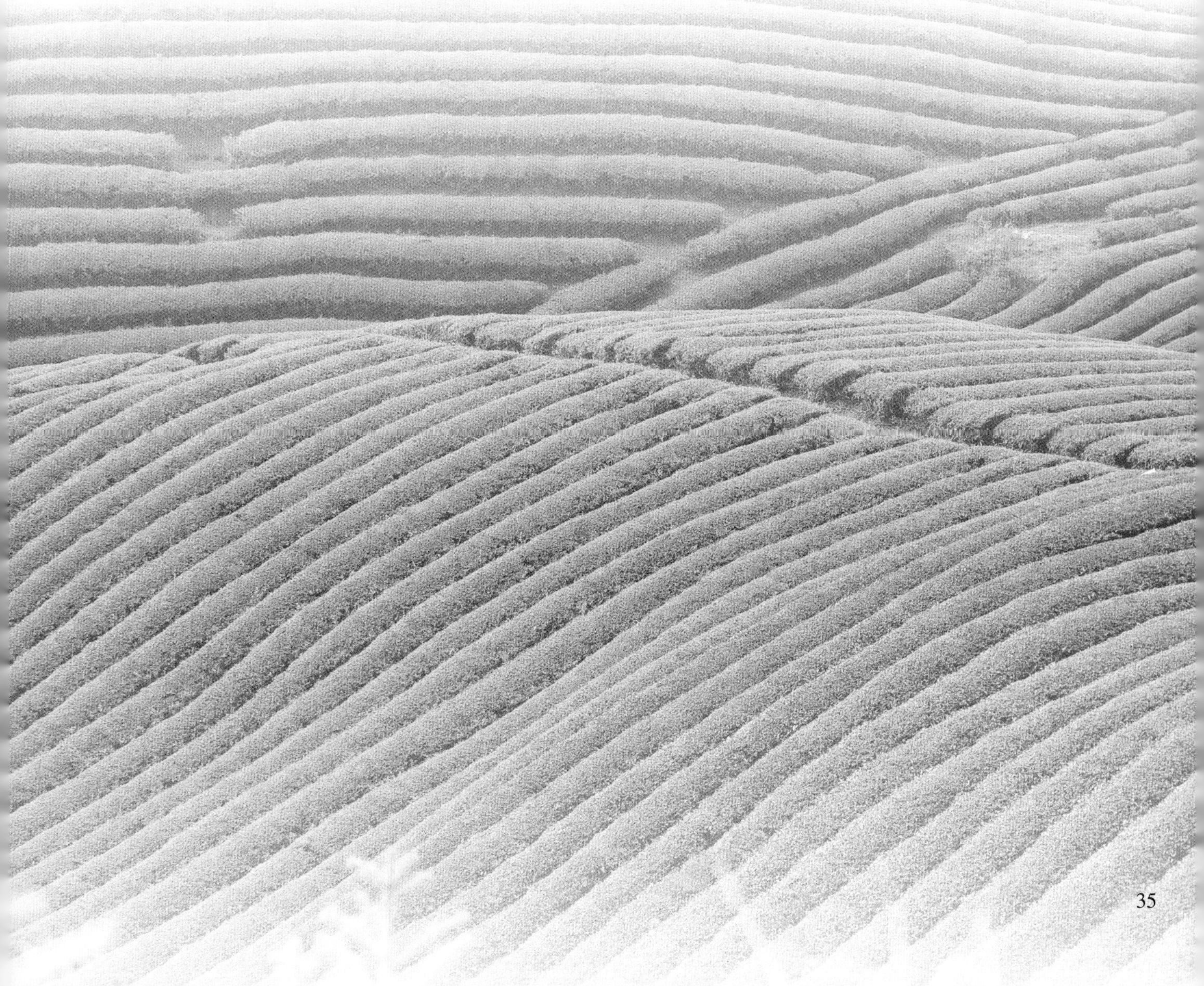

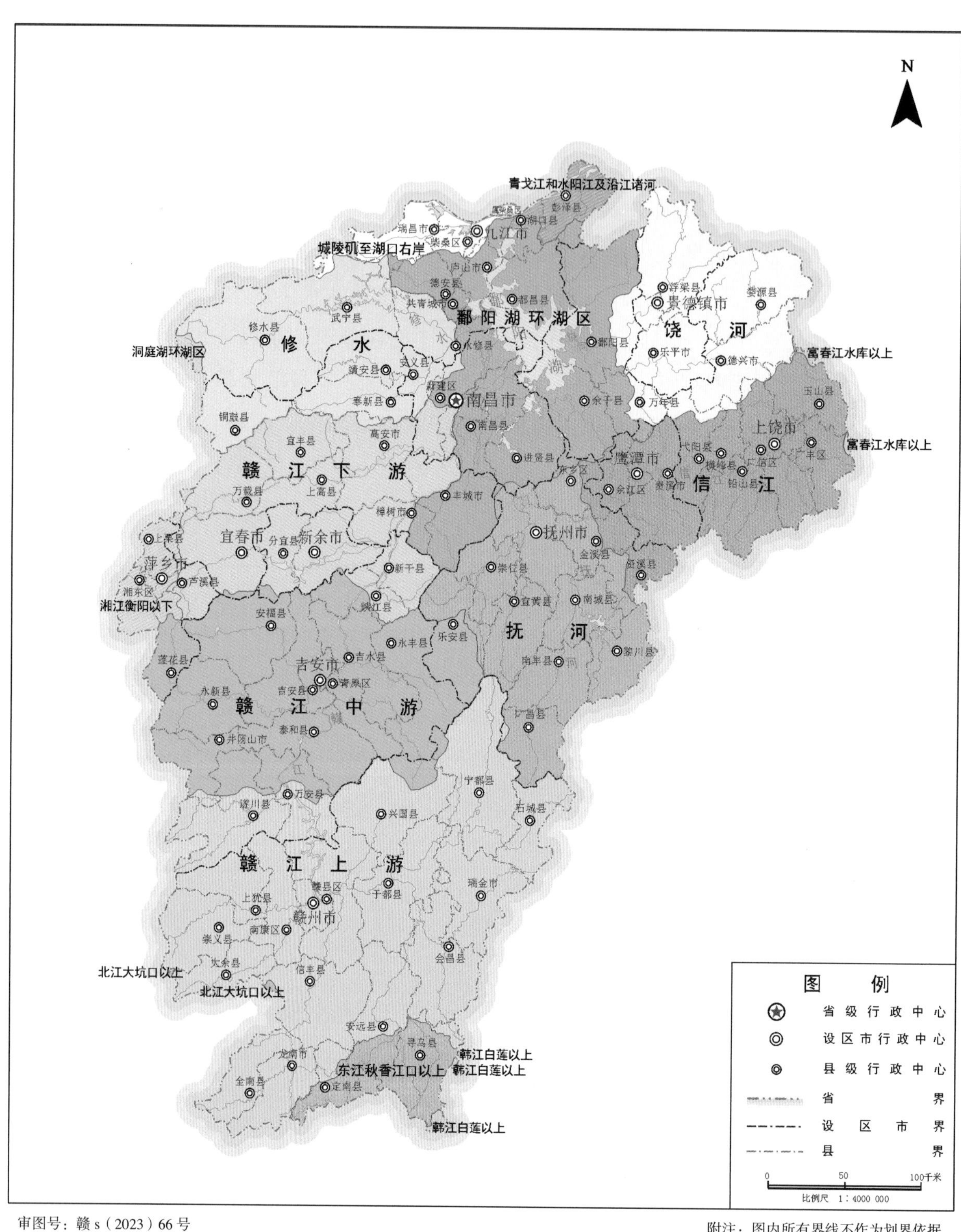

审图号：赣 s（2023）66 号

附注：图内所有界线不作为划界依据

江西省水资源三级区示意图

《江西省水资源公报》编委会

主　任：姚毅臣

副主任：陈何铠　方少文

成　员：郭泽杰　胡　伟　许盛丰　刘丽华　付　敏

向爱农　邹　崴　黎　明　苏立群　谭　翼

李小强　李国文　成静清

《江西省水资源公报》编写单位

江西省水文监测中心

江西省灌溉试验中心站

江西省各流域水文水资源监测中心

《江西省水资源公报》编辑人员

主　编：李国文

副主编：喻中文　韦　丽

成　员：殷国强　陈　芳　余　菁　彭　英　吴　智

艾会丽　仝兴庆　陈宗怡　周润根　唐晶晶

周　骏　吴剑英　王　会　袁美龄　刘　鹂

付燕芳　王时梅　孙　璟　占　珊　代银萍

饶　伟　张　洁　邓月萍